Servus

Das kleine Buch

Veronika Schubert

TOPFGÄRTNER

Der eigene Garten
auf kleinem Raum

Inhalt

Kräuter und Gemüse eignen sich gut für den gemischten Topfgarten.

Der kleinste Garten ist ein Topf

Für Menschen, die wenig Zeit und Platz haben, sind Topfgärten die beste Lösung. Sie können selbst am kleinsten Balkon verwirklicht werden. Topfgärten sind aber auch ideal für Sammelwütige, und sie bieten die Möglichkeit, jeden Tag alles neu zu arrangieren.

In größeren Pflanzenkisten, Kübeln und Wannen lässt sich eine vielfältige Mischkultur ziehen. Kräuter, Gemüse, Obst und Blumen gedeihen dann in Eintracht. Bunter Stielmangold und blühende Kapuzinerkresse ziehen alle Aufmerksamkeit auf sich, frische Kräuter wie Thymian, Basilikum und Bohnenkraut werden mit Tomaten, Paprika, Zuckererbsen und Radieschen zum Blickfang. Schnelle einjährige Kletterer wirken raumbildend und verdecken Mauern. Aus Ampeln quellen Hängeerdbeeren und Blumenkaskaden. In allen Töpfen wächst schließlich ein üppiger Garten. Nur Mut! Auch das Gärtnern beginnt im Kleinen und kann wachsen.

Guter Start mit der besten Erde und den richtigen Töpfen

Vom Leben in Kübeln und Kästen

Pflanzen im Topf entwickeln in kurzer Zeit eine enorme Blattmasse und zahlreiche Blüten. Kraft und Halt dafür kann nur aus dem relativ kleinen Erdvolumen geschöpft werden. Ein Topf ist immer ein extremer Standort für eine Pflanze, da nur wenig Platz für die Wurzeln zur Verfügung steht.

Stressfaktor Blumentopf

Die Erde im freistehenden Topf erwärmt sich stärker, auch dringt die Kälte rascher durch den Topf als durch den Boden in einem Beet. Die Bodenaktivität in einem Topf ist eingeschränkt. Wenn sich die Bodenlebewesen bei ungünstigen Bedingungen nicht zurückziehen können, sterben sie ab. Sie sind jedoch wichtig für die Nährstoffaufbereitung in der Erde. Vor allem aber muss ausreichend gegossen werden, denn die Erde trocknet im Topf viel schneller aus. Je besser die Zusammensetzung der Erde ist, desto optimaler kann das Wasser gespeichert werden.

Alles im Kasten? Kunststoff oder doch der gute Ton?

Töpfe aus Kunsstoff oder doch lieber Ton, das ist hier die Frage. Klassische Kästen aus Kunststoff sind auf Balkonen oder an Fenstern befestigt bei uns nicht wegzudenken. Auch große Töpfe haben als Kunstoff-Variante viele Vorteile. Sie halten die Feuchtigkeit im Erdreich besser, sind leichter zu transportieren und zerbrechen kaum. Gefäße aus Ton hingegen sind standfest und ein Zuviel an Wasser kann besser ausgeglichen werden. Die Wurzeln der Pflanzen sind weniger fäulnisgefährdet, weil sich Ton atmungsaktiv verhält. Tontöpfe können sich mit Wasser stark ansaugen und dadurch die Erde kühlen. Das ist im Sommer willkommen. Im Winter allerdings dehnt sich das gefrierende Wasser aus und zerreißt den Topf. Während Kunstoffkisterln und -töpfe immer wie neu wirken, verbreiten Tontöpfe mit Patina ein besonderes Flair. Durch Einstreichen mit Joghurt oder Buttermilch lässt sich die Alterung von Ton beschleunigen. Auch dic Töpfe eine Weile in eine schattige Gartenecke zu stellen, begünstigt die Entstehung eines Algen-, Moos- und Pilzwachstum, was die Töpfe alt aussehen lässt.

Aus alt mach neu

»Blühende« Tontöpfe sind nicht immer erwünscht. Die weißen, unschönen Ränder und Zeichnungen entstehen durch Kalkausscheidungen aus dem Gießwasser und lassen den Topf schäbig wirken. Dagegen hilft es, die Töpfe in Essig-Wasser zu tauchen und die Kalkränder anschließend abzubürsten. Leichte Kalkränder lassen sich mit Kartoffelschalen wegreiben. Nach der Behandlung werden die Töpfe gründlich abgeschrubbt und klar abgespült.

Guter Halt für Balkonblumen und Kräuter

Das Geländer des Balkons lässt sich mit entsprechenden Halterungen nützen. Der erste Schritt sollte das Vorsehen der Befestigungen sein. Geeignete Haken findet man in Baumärkten; Schlosser liefern Maßanfertigungen, die statische Sicherheit bieten. Die Halterung muss nicht unbedingt nach außen hängen. Das mag zwar von der Straße aus gut aussehen, aber gemütlicher wird es mit dem Kasten oder Topf nach innen hängend. Holzwände mit entsprechender Hängevorsehung sind hier eine sehr schöne Variante, nehmen den Pflanzen aber Licht weg. Relingtöpfe, die im Handel auch als »Pflanzenbrücke« verkauft werden, lassen sich direkt auf das Geländer stecken und sind eine Alternative zu Halterungen. Sie bieten allerdings noch weniger Raum für Erde als herkömmliche Töpfe.

Mit Ampeln, Körben und Treppen hoch hinauf

Wo wenig Platz zur Vefügung steht, gilt es die Höhe zu nützen. Körbe und Ampeln lassen sich überall montieren, wo sich ein darüber liegender Balkon oder zumindest Dachvorsprung findet. Achten Sie bei der Montage auf ausreichend große Haken – eine voll bepflanzte Blumenampel, die gerade gegossen wurde, kann sehr schwer werden. Die Höhe lässt sich neben Ampeln mit Blumentreppen und Leitern nützen. Hier kann man so einiges unterbringen, die Gießarbeit fällt leicht, die Ernte sowieso und keines der Gewächse ist benachteiligt, wenn es darum geht, ausreichend Sonneneinstrahlung zu erhaschen.

Mit Blumenampeln (hier mit Fleißigen Lieschen bepflanzt) kann auch wenig Raum gut genützt werden.

Nur die beste Erde ist gut genug!

Gute Erde muss strukturstabil sein und Wasser gut abrinnen lassen, damit keine Staunässe entsteht, darf andererseits aber auch nicht schnell austrocknen. Die richtige Mischung aus wasserspeichernden und sandigen Bestandteilen bringt das Kunststück zustande. In der Erde sollen auch Nährstoffe gespeichert sein, die über die Wurzeln aufgenommen werden. Da Pflanzen über ihre Wurzeln atmen, ist es notwendig, dass die Erde ausreichend Poren mit Luft enthält. Die Auswahl reicht von Spezialerden für einzelne Pflanzenarten und Erden für besondere Verwendungszwecke über Bioprodukte, torffreie und günstige Erden bis hin zu Erden mit Dauerdünger und vieles mehr. Beim Kauf sollte man daher bereits wissen, für welchen Zweck man die Erde benötigt.

Erde selbst gemischt

Die Erde für das klassische Balkonkisterl ist besonders rasch gemischt: aus Gartenerde, Sand und Kompost zu drei gleichen Teilen. Gemüse wird mit einer Mischung aus zwei Dritteln torffreier Blumenerde und einem Drittel Gartenerde gut versorgt. Abhängig vom Nährstoffbedarf der gepflanzten Gemüsearten kann mit Kompost (pro 40 cm-Topf bis etwa 3 Handvoll) und bei Starkzehrern zusätzlich mit Hornspänen (bis ½ Esslöffel) oder Schafwollpellets ergänzt werden.

Herausforderung Jahreszeiten

Während man im Sommer kaum mit dem Gießen und Düngen nachkommt, müssen im Winter dauerhafte Bepflanzungen und Gefäße vor der Kälte geschützt werden. Balkonblumen und Gemüse werden erst nach den Eisheiligen Mitte Mai ausgepflanzt, denn so lange kann es nachts noch zu Spätfrösten kommen.

Lange Strecken ohne Wasser überdauern nur **Hauswurzen**, **Mauerpfeffer** und **Fette Hennen**. Wer nur selten zum Gießen kommt, der ist mit dem **Currykraut** (*Helichrysum italicum*), der **Fächerblume** (*Scaevola aemula*) oder dem **Portulakröschen** (*Portulaca grandiflora*) gut beraten.

Hauswurz (*Sempervivum*)

So wird gepflanzt

Damit sich die Wasserabzugslöcher nicht mit Erde verstopfen und es zu Staunässe kommt, werden sie mit Tonscherben bedeckt. Eine Schicht Blähton sorgt bei tieferen Kästen für gute Durchlässigkeit und dient als zusätzlicher Speicher für Feuchtigkeit. Vor dem Pflanzen sollten Sie die Wurzelballen aus den Töpfen nehmen und in Wasser tauchen, bis der Ballen gut durchfeuchtet ist. Kisterln oder Kübel werden nur bis zur Hälfte mit Blumenerde gefüllt, die Wurzelballen ein wenig aufgerissen und die Pflanzen arrangiert. Dann füllen Sie mit Erde auf und drücken diese gut fest. Zuletzt wird immer eingegossen.

Obst und Gemüse in Töpfen

Säulenäpfel und Beerensträucher

Speziell für die Topfkultur wurden die säulenförmigen **Ballerina-Apfelsorten** und **Saphira-Birnen** gezüchtet. Selbst, wenn sie keine so reiche Ernte bringen wie vom Hochstamm, sind sie doch des Topfgärtners besonderer Stolz. Säulenobst entwickelt auf einer schlanken Spindel zahlreiche Früchte, wächst langsam, wird meist bis 2,5 m hoch und braucht nur wenig Platz. Schon im zweiten Jahr reifen die ersten Früchte, spätestens aber im dritten und es muss nicht geschnitten werden. Um für die Minibäume ausreichend Erdvolumen zur Verfügung zu haben, setzt man das Obst am besten in einen tiefen Kasten. Säulensorten sollten etwa alle drei Jahre in größere Töpfe umgesetzt werden.

Viele Sorten sind nicht selbst fruchtend, das heißt, sie brauchen einen zweiten Baum mit gleicher Blütezeit , damit sie nach der Bestäubung Früchte ausbilden.

In Töpfen mit 50 cm Durchmesser wachsen auch **Himbeeren** und **Brombeeren**. Zu empfehlen ist die Herbsthimbeere 'Autumn Bliss', kaum eine andere ist so ertragreich und robust. Sie blüht spät und hat dann nahezu wurmfreie Früchte. Bei der Auswahl der Brombeere sollte auf einen kompakten Wuchs geachtet werden, auch stachellose Sorten haben ihren Vorteil.

Wer gerne Neues probiert, pflanzt eine **Taybeere**, eine Kreuzung aus Himbeere und Brombeere. Die Früchte sehen wie große, längliche Himbeeren aus. Oder wie wäre es mit der **Jostabeere**? Diese Kreuzung aus Stachelbeere und Ribisel trägt keine Stacheln.

Heidelbeeren gedeihen nur in saurem Erdreich gut, wobei Kultursorten etwas anspruchsloser sind, was das Bodenmilieu betrifft. Sie werden am besten in Moorbeeterde oder Laubkompost gesetzt.

Empfehlenswerte Säulenobstsorten

Äpfel: Coxcolumnar (rote Früchte), Suncats (rote Früchte, sehr widerstandsfähig), Bolero (Ballerina-Apfelsorte, hellgrüne Früchte)

Birnen: Decora (grüne Früchte, lagerfähig), Obelisk (gelbe Früchte), Saphira (grünlich-gelbe Früchte, gute Kombination zu Decora)

Erdbeeren, vor allem hängende Sorten, dürfen im Topfgarten nicht fehlen.

Erdbeeren zum Naschen

Niemals sollten beim Naschobst die Erdbeeren fehlen. Es gibt hängende Sorten, die sich ideal für Ampeln und Kästen eignen, und mit ihrem Wuchs die Ränder großer Gefäße verspielen. Sind Erdbeeren in Töpfen gepflanzt, liegen die Früchte im Gegensatz zum Beet nicht direkt auf der Erde und bleiben sauber. Neben den großen **Gartenerdbeeren** eignen sich auch die kleinen **Monatserdbeeren** für Gefäße. Sie bilden unermüdlich Früchte. Wie ihre Vorfahren, die Walderdbeeren, lieben sie feuchte Böden und sollen daher nicht austrocknen. Einmal gepflanzt, bereiten sie keine Arbeit mehr. Die kleinen Früchte reifen bis weit in den Herbst ständig nach und sind aromatischer als ihre großfrüchtigen Verwandten. Überwintert können Monatserdbeeren zwei bis drei Jahre lang werden. Dazu schneidet man im Herbst die Pflanzen bis auf das Herz in der Mitte zurück und stellt die Töpfe entlang der schützenden Hausmauer auf.

Topftaugliche Paradeiser, Gurken und Paprika

Gerade bei Gemüse gibt es Arten, die in Töpfen sehr gut gedeihen. **Paradeiser** lieben es, geschützt vor Regen zu wachsen. Stehen sie an der Hausmauer, sorgt der Dachvorsprung dafür, dass weder Blätter noch Früchte von oben nass werden. Es drohen wesentlich weniger Pilzkrankheiten. Tomaten gehören zum nährstoffbedürftigen Fruchtgemüse. Setzt man sie in eine gut gedüngte Erde und sorgt für regelmäßige Bewässerung, kann man sich schon im Juli über die ersten Früchte freuen. Geeignet sind vor allem **Cocktailtomaten** in verschiedenen Größen, es gibt winzige Sorten, die wie Ribiseln am Stock hängen. Um einen guten Fruchtansatz bei Paradeisern zu erzielen, gilt zunächst die Regel: »Weniger ist mehr!« Denn werden in den ersten Wochen die Stöcke zu viel gegossen, entwickeln sie vorwiegend Blattmasse und bilden nur spärlich Blüten aus. Haben sich dann ausreichend Fruchtansätze entwickelt, sollte ordentlich gewässert werden.

Auch bei **Gurken** und **Paprika** findet man topftaugliche Sorten, die schnell, buschig und kompakt wachsen. Die Naschecke muss aber keineswegs nur süße Früchte beherbergen. Eine kleine Chiliauswahl bringt die frische Schärfe. Milde **Chilis** gehen vielleicht noch als Naschobst durch, schärfere aber sind dann etwas für Kenner und Könner. Bevorzugen Sie bei Gurken die nicht rankenden Sorten, die sich besser bändigen lassen.
Allgemein gilt: Fruchtgemüse ist kälteempfindlich und darf nicht vor den Eisheiligen gepflanzt werden. Nicht nur Fröste schaden, auch schon kühlere Temperaturen verzögern das Wachstum stark.

Topfgemüse und -obst darf nicht austrocknen. Im Hochsommer muss zweimal täglich gegossen werden oder eine Bewässerungsanlage versorgt die Pflanzen mit ausreichend Feuchtigkeit. Die Früchte der Tomaten platzen, wenn sie unregelmäßig gegossen werden.

Sichtschutz zum Anbeißen

Mit Pflanzen einen Raum zu schaffen oder abzugrenzen ist auf Balkon und Terrasse ein wesentlicher Wohlfühlfaktor und zugleich Windschutz und Schattenspender für alle anderen Pflanzen.

Wer seinen Topfgarten um eine Sitzgruppe aufstellt, hat im Hintergrund damit gleich einen Sichtschutz, z.B. aus **Feuerbohnen** (*Phaseolus coccineus*). Sie blühen leuchtend rot, haben also auch einen Zierwert, um später grüne Schoten zu entwickeln. Knackt man die Hülsen auf, findet man darin eingebettet beige-braune, violett-schwarze oder auch rein weiße Bohnen. Die wunderschöne Farbe, kombiniert mit der dichten dunklen Sprenkelung, macht diese Samen zum Augen- und Gaumenschmaus. Geerntet wird, wenn die reifen Bohnen in den Hülsen rasseln. Feuerbohnen wachsen mit hohem Tempo direkt aus den Samen das Rankgerüst hinauf, Bambusstäbe und Blumendraht genügen, um sie zu stützen. Schon nach wenigen Wochen kann eine Wand begrünt sein. Für den Topfgarten empfehlenswert sind auch Zucchini und

Gurken, etwa die Kletterzucchini 'Zappho'. Mit ihren kräftigen Trieben erklimmt sie bis zu zwei Meter Höhe und rankt nicht in die Breite. Dabei bildet eine Pflanze bis zu dreißig Früchte aus. Winzigen Wassermelonen ähneln die maximal 2 cm großen grünen **Cocktailgurken** (*Melothria scabra*), je kleiner sie sind, desto weniger sauer schmecken sie. Bis die selbst aus Samen gezogenen kleinen Pflanzen so richtig durchstarten, kann es etwas dauern. Dafür wurde bislang an Cocktailgurken noch kein Mehltau gesichtet – und damit ist auch bis zur Ernte, die in den Herbst hineinreicht, nicht zu rechnen.

Honigbeeren oder Mini-Kiwis (*Actinidia arguta*), die kleinfrüchtigen Schwestern der großen Kiwi, können mitsamt der glatten Schale verzehrt werden. Die selbstfruchtbare Sorte 'Issai' reift bereits im 2. bis 3. Standjahr und damit deutlich früher als andere Sorten. Sie verträgt aber »nur« Minusgrade von bis zu minus 18 °C, während die meisten zweihäusigen Honigbeerensorten sogar minus 30° C standhalten.

Ein Topf voller Erdäpfel

Kartoffelanbau im Topf? Das klingt nach einer verrückten Idee, ist es aber keineswegs: In großen Töpfen (mindestens 50 cm Durchmesser) oder Holzfässern lässt sich eine ganz passable Ernte erzielen. Das Geheimnis dabei ist, die Erdäpfel in Schichten zu ziehen. Zunächst kommen sandige Gartenerde und etwas Hornspäne (½ Esslöffel) auf den Topfboden. Darauf legt man 3 bis 5 Saatkartoffeln und bedeckt sie. Sind die Triebe etwa 10 cm hoch, kommt wieder eine Schicht Erde darüber. So fährt man fort, bis der Topf bis oben hin gefüllt ist. Es bilden sich auf diese Weise Schritt für Schritt viele Triebe und Knollen.

Ein Topf voller Erdäpfel –
der Stolz jedes Balkongärtners!

Küchenkräuter und Pflücksalate

Was wäre ein kulinarischer Topfgarten ohne Kräuter? Neben **Schnittlauch** und **Petersilie**, von denen immer viel benötigt wird, sorgt Kapuzinerkresse mit gelben und orangefarbenen Blüten für aromatische Würze. Einjähriges **Basilikum** wächst im Gegensatz zu Strauchbasilikum gerne ganz allein im Topf. Probieren Sie auch Varianten wie Zimt- oder Zitronenbasilikum!

Überall, wo Zwischenräume entstehen, oder auch in einem eigenen Balkonkisterl, können Sie **Rucola** und andere **Pflücksalate** ansäen. Während der klassische Kopfsalat nichts für die Terrasse ist, weil er nur einmal geerntet werden kann, eignet sich Vogerlsalat besonders gut und wird bis in den Herbst gepflückt. Salat braucht keinen großen Wurzelraum, er gedeiht in Töpfen wie in Kisten, auch in schmalen Blumenkisterln lässt er sich ziehen. Seine untersten Blätter ragen über die Gefäßkante und das hat auch gleich einen Vorteil: Sie faulen nicht. Besonders zu empfehlen sind alle Arten von Pflücksalaten, da sie, sorgsam von außen nach innen geerntet, immer weitere Blätter bilden. Sorten wie 'Lollo Rossa', 'Lollo Bionda', 'Baby Leaf' und 'Eichblatt' entwickeln eine gekrauste Struktur, schöne Blattzeichnungen oder sind ganz rot gefärbt. Wer Salate gemischt setzt, plückt die bunte Salatschüssel gleich vor Ort in der richtigen Zusammenstellung.

Im Topfgarten gedeihen Salate prächtig, denn sie finden hier meist bessere Bedingungen vor als im Gemüsebeet. Fern jeder Konkurrenz wachsen sie ungestört in voller Sonne und auf den Balkon oder die Terrasse finden weniger Schnecken den Weg, um die zarten Blätter binnen einer Nacht abzuraspeln. Nach spätestens sechs Wochen erschöpfen sich aller-

Pflücksalate können von außen nach innen laufend geerntet werden.

Die Kapuzinerkresse ist ein Tausendsassa:
schön, würzig, ausdauernd und schädlingsabwehrend.

dings selbst die Pflücksalate, sie neigen dann dazu, in die Höhe zu schießen. Wer aber im Nachbarkistchen zeitversetzt den nächsten Satz angesät hat, muss die Ernte nicht unterbrechen. Mit sechs Kistchen, die ab April alle fünf bis sechs Wochen angesät werden, hat man bis in den Oktober frischen Salat.

Schönes Gemüse

__Stielmangold__ mit seinen leuchtenden roten, gelben und weißen Stängeln ist fast zu schön, um gegessen zu werden. Er kann bis in den Herbst stehen bleiben, wenn man gezielt immer nur ein paar Blätter aberntet. Dekorative und essbare Blüten bilden __Kapuzinerkresse__ und __Borretsch__. Beide blühen üppig und andauernd und können ebenso in der Küche verwendet werden.

Blütenträume
auf Balkon
und Terrasse

Kein Topfgarten ohne Zwiebelblumen

Schon im Frühling tut sich einiges im Topfgarten. Werden Zwiebelblumen in Töpfe oder Körbe gepflanzt, so blühen sie sogar noch früher als in den Beeten. Weil sie alle ihre Lebensstoffe in der Zwiebel gespeichert haben, kann man sie schon

vor ihrer natürlichen Blütezeit zum Erblühen bringen. Das Vorziehen können Sie gut auch selbst bewerkstelligen. **Hyazinthen**, **Krokus**, niedrige **Tulpen**, die zarten **Narzissen** 'Tête à tête' und die Tazetten-Narzisse 'Paperwhite' etwa eignen sich dafür. Die Zwiebeln werden im Herbst in Schalen, Töpfe oder andere Gefäße gepflanzt und über den Winter vor Nässe geschützt draußen stehen gelassen, um den nötigen Kälteimpuls zu bekommen. Danach brauchen sie etwa acht Wochen in einem kühlen aber frostfreien Raum bei nicht mehr als 8 °C und werden feucht gehalten. Sobald sich die ersten Triebspitzen zeigen, kommen sie ins warme Zimmer, sollten aber nicht bei der Heizung oder in der prallen Sonne stehen. Nach zwei bis drei Wochen zeigen sich die ersten farbenfrohen Frühlingsblüten. Zwiebelblumen halten kalte Temperaturen gut aus und dürfen im Februar und März schon draußen stehen.

Die Gestaltungsregel, dass von jeder Pflanzenart mehrere Exemplare gesetzt werden sollen, stimmt im Balkonkisterl nur bedingt. Zu viel Symmetrie und zu wenig Abwechslung wirken meist streng, die Wiederholung kann auch im daneben befindlichen Kasten erfolgen.

Auftakt mit Primeln und Hornveilchen

Neben den farbenfrohen Zwiebelblumen gibt es ein paar sehr kältefeste Saisonpflanzen, die in Kombination mit ihnen oder auch solo den Frühling einläuten. Bunte **Kissenprimeln** (*Primula vulgaris*) und **Aurikeln** (*Primula pubescens*) zählen zu den

Hornveilchen gehören zum Frühling wie Zwiebelblumen und Primeln.

für Töpfe besonders geeigneten Vertretern der Primeln. Aurikeln wollen recht aufmerksam gepflegt und regelmäßig gegossen und gedüngt werden. Sie wachsen in besonderen Erdmischungen aus Gartenerde, Kompost, Lehm, Sand und Splitt. Da sie keine Staunässe vertragen, ist eine Drainage wichtig. Jedes Jahr im September werden sie umgetopft.
Das **Hornveilchen** (*Viola cornuta*) blüht ab April; wurde es vorgezogen, auch schon früher. Es sieht dem Stiefmütterchen ähnlich, hat aber kleinere Blüten, die an der Rückseite einen charakteristischen, aus der Blüte herausgezogenen Sporn tragen. Darauf ist sowohl der lateinische als auch der deutsche Name des Hornveilchens zurückzuführen, denn »cornuta« bedeutet »gehörnt«. Hornveilchen sind ein besonders empfehlenswerter Aufputz, im Frühjahr wie auch im Herbst. Ähnlich robust verhalten sich **Vergissmeinnicht** (*Myosotis sp.*) und **Maßliebchen** (*Bellis perennis*) im Topfgarten.

Dauerbepflanzung als Grundstruktur

Damit nicht jedes Jahr alles neu gepflanzt werden muss, kann in großen Trögen eine dauerhafte Grundbepflanzung geschaffen werden. Mit einer bunten Mischung aus winterharten Gehölzen, Stauden, Gräsern und Kletterpflanzen legen Sie so die Struktur der Balkongestaltung fest. Wichtig ist es dabei, dass in die Tröge unten eine Drainageschicht eingefüllt wird und die Gefäße auf Tonfüßen oder Ziegelsteinen stehen, damit das Wasser gut abrinnen kann. Bei einer Dauerbepflanzung ist gute Erde besonders wichtig.

Geeignet sind klein bleibende und langsam wachsende Arten. **Zwergfelsenbirne**, **Bibernellrose**, **Zwergschneeball**, **Rosmarinweide**, **Färberginster**, **Eingriffeliger Zwergweißdorn**, **Zwergflieder**, **Buchs**, **Zierapfelbäume**, kleinwüchsige **Ahornarten** – die Liste der Auswahl ist lang. Auch Schlinggehölze wie **Efeu** oder **Wilder Wein** eignen sich, um jahrelang eine Hausmauer oder ein Balkongeländer zu umranken, und sind besonders pflegeleicht und wüchsig – der Griff zur Schere bleibt einem allerdings nicht erspart.

Rosen brauchen als Tiefwurzler ein Gefäß mit mindestens 60 cm Höhe. Die Drainageschicht kann aus Tonscherben alter Blumentöpfe, aus Kies oder Tongranulat bestehen, darüber kommt am besten eine spezielle Rosenerde. In den folgenden Jahren entfernt man im Frühling ungefähr jeweils die obersten 10 cm der Erde und ersetzt sie durch reifen Kompost.

Mit **heimischen Wildpflanzen** wird der Balkon zu einer ökologischen Nische in der Großstadt, die für Bienen, Hummeln, Schmetterlinge und andere Insekten wichtige Nahrung bietet. Der praktische Nebeneffekt: Die meisten Wildstauden brauchen sonnige, trockene Standorte und somit wenig Gießaufwand. Die gelb blühende Färber-Hundskamille und Odermenning, die Karthäuser-Nelke mit rosa Blüten, der blaue Ehrenpreis und der Wilde Majoran in Rosa putzen den Topfgarten auf natürliche Weise auf. Ein paar Handvoll Sand, Kies oder Blähton in die Topferde zu mischen, verhilft zum für Wildpflanzen besonders nötigen Wasserabzug.

Oft sind Pflanzen, von denen man annimmt, sie seien im Winter erfroren, in Wirklichkeit vertrocknet. Immergrüne Pflanzen verdunsten auch im Winter Wasser und müssen deshalb an frostfreien Tagen regelmäßig gegossen werden.

Farbkraft mit Ton-in-Ton-Pflanzungen

Blumen nur in einem Farbton zu pflanzen, hat einen besonderen Reiz. Solche Blumenarrangements wirken edel oder leuchten besonders stark. Langweilig muss ein Kisterl oder eine Schale deshalb nicht sein, denn die Vielfalt an Sommerblumen ist groß. Dazu gepflanzt werden Gräser, blattzierende Stauden und auch sommerblühende Zwiebelblumen.

Strahlendes Gelb wie die Sonne

Gelb allein zieht alle Blicke auf sich. Diese Signalwirkung kann man sich zunutze machen. Eine Pflanzung aus gelben Blumen ist von Weitem zu sehen, gelbe Blüten sind auch bei weniger Licht noch gut wahrnehmbar und hellen schattige Ecken auf. Für den Topfgarten finden sich aber nur wenige gelbe Blumen, die im Schatten gut gedeihen. Hier ist es ratsam, auf winterharte Blütenstauden zurückzugreifen. Um Farbnuancen zu erzielen, setzt man neben gelb blühende

Studentenblumen (*Tagetes*)

Balkonblumen gelblaubige Pflanzen wie **Oregano** (*Origanum vulgare* 'Aureum') oder **Mauerpfeffer** (*Sedum* 'Yellow Bouquet'). Als sommerblühende Zwiebelgewächse bieten sich der genügsame und ausdauernde **Glücksklee** (*Oxalis*) und gelbe **Lilien** an, die in großen Töpfen besonders elegant wirken.

Gelbe Blüten

Goldköpfchen (Chrysocephalum), Goldmarie (Bidens ferulifolia), »Goldstaub« (Mecardonia »Gold Dust«), Goldtaler (Asteriscus maritimus), Husarenknopf (Sanvitalia procumbens), Schwarzäugige Susanne (Thunbergia alata, Kletterpflanze), Tagetes »Gold Medal«

Feurige Töne in Orange und Rot

Rot ist eine energiereiche Farbe, die Signale aussendet. Sie lässt uns Kraft auftanken und macht uns munter. Wird sie sehr üppig eingesetzt, kann die Wirkung allerdings auch zu stark werden. Bei **Balkonblumen** findet man feinste Differenzierungen von hellem Korallenrot über intensives Zinnoberrot bis zu dunklem Weinrot.
Die farbintensive Blütenpracht braucht ruhige Hintergrund- und Zwischenpflanzen, um voll zur Geltung zu kommen. »Strukturpflanzen« zieren nicht mit bunten Blüten, sondern durch auffällige Blattfarben oder -formen, so etwa die **Buntnessel** (*Solenostemon*), das **Purpurglöckchen** (*Heuchera*), die Zierformen der **Süßkartoffel** (*Ipomea*) und **Ziergräser**. Aber auch Kräuter wie Rosmarin, Basilikum, Minzen und Salbei-Arten sind zum Teil in buntlaubigen Formen erhältlich.

Rote Blüten

Summerwings-Begonien (Begonia boliviensis), Elfenspiegel (Nemesia), Fleißiges Lieschen (Impatiens), Mittagsblumen (Deplosperma), Pelargonien (Pelargonium-Hybriden, auch unter Geranien bekannt), Strohblumen (Bracteantha), Zauberglöckchen (Calibrachoa)

Pink als leuchtender Akzent

Die englische Übersetzung für Rosa ist Pink, genau genommen für jedes, also auch für helles Rosa. Im deutschen Sprachraum verstehen wir unter Pink jedoch meist nur die kräftige Farbnuance; sie wird im Englischen als »shocking pink« oder »hot pink« bezeichnet. Magenta ist eine Mischfarbe zwischen Rot und Blau, liegt auf der Purpurlinie und wird deshalb auch als helles Purpur bezeichnet. Ton-in-Ton-Pflanzungen bestehen kaum nur aus magenta- und pinkfarbenen Blüten, sondern verlaufen von kräftigen in zarte Farben oder bringen durch Zweifarbigkeit Leben in das Arrangement. Die perfekten Farbpartner für temperamentvolle Blüten in Pink sind kräftiges Lila oder Mischungen mit Orange und Rot. Weiß beruhigt die Gestaltung.

Blüten in Pink

Elfensporn (Diascia-Hybriden),
Fleißiges Lieschen (Impatiens), Fuchsien (Fuchsia),
Mädchenaugen 'Pink Lady' (Coreopsis),
Margeriten (Agyranthemum), Pelargonien
(Pelargonium-Hybriden, auch unter Geranien bekannt),
Zauberglöckchen (Calibrachoa)

Herbstzauber mit Purpurglöckchen, Erika und Gräsern

Der große Blütenrausch des Sommers ist vorbei, doch der Topfgarten hat noch lange nicht ausgeblüht. Leuchtende Blüten, kugelrunde rote und orangefarbene Beeren, goldbraun glänzende Blätter und dazwischen Schöpfe von Erika, Besenheide und Gräsern – das sind die bunten Farben des Herbstes. Der leuchtend rosafarbenen bis roten **Glockenheide** (*Erica gracilis*) wird zwar vom ersten Frost ein Ende bereitet, trotzdem gehört sie zu den herbstlichen Fixstartern. Werden die Pflanzen in kalten Nächten mit Vlies abgedeckt oder stehen sie etwas geschützter, lässt sich die Blüte noch ein wenig verlängern. Ihre Schwester, die **Besenheide** (*Calluna vulgaris*), ist vollkommen winterhart und blüht in den schönsten Rot-, Rosa- und Violett-Tönen, aber auch in Weiß, von August bis in den Dezember hinein.

Die meisten Blütenfarben und -formen findet man bei **Chrysanthemen**: Von Rosa über Purpur bis Rostbraun, in Bronze-,

Goldgelb- und Orange-Schattierungen oder in Weiß schmücken sie jedes Arrangement und liefern bis zum Eintreffen der ersten Fröste einen farbenprächtigen Herbstausklang. Zu den letzten Blüten gesellen sich fruchttragende Ziergehölze wie die **Scheinbeere** (*Gaultheria procumbens*), die **Torfmyrte** (*Pernettya mucronata*) und die immergrüne **Skimmie** (*Skimmia japonica*).

Bunte Blätter des **Purpurglöckchens** (*Heuchera-Hybride*) und Halme von **Seggen** und **Schwingeln** fügen sich perfekt in den Herbstzauber ein.

Mediterrane
Kübelpflanzen und
aromatische Kräuter

Südliche Blütenpflanzen

Bougainvillea, Oleander und **Hibiskus** – es gibt wohl kaum ein Urlaubsfoto, auf dem ihre Blüten nicht zu finden sind! Die »Blumen des Südens« leuchten oft in den prächtigsten Farben, viele von ihnen duften auch intensiv. Mit Ausnahme von Ginster, Gartenhibiskus, Mandelbäumchen und Sommerflieder sind auch sie wenig frosthart und müssen den Winter im Haus verbringen. Als härteste Kübelpflanze kann Oleander angesehen werden, ihn räumt man früh aus und spät wieder ein, da ihm ein paar wenige Minusgrade für kurze Zeit sogar gut tun. Dann härten seine Triebe besser aus. Den Sommer über ist Oleander ein echter Säufer, was meist unterschätzt wird. Am besten füllt man laufend die Untersetzer an. Bei anderen Kübelpflanzen sollte jedoch lieber von oben gegossen werden, um Staunässe zu vermeiden.
Das seine Farbe im Auf- und Verblühen wechselnde **Wandelröschen** (*Lantana cammara*) zeigt uns an, wann es gegossen werden will. Die Blätter machen schlapp und richten sich nach Wasserzufuhr wieder auf. **Seidenpflanzen** (*Asclepias*

Wandelröschen ändern ihren Farbverlauf
vom Öffnen der Blüten bis zum Abblühen.

curassavica) werden gerne wie Wandelröschen als Hochstämme gezogen. Die **Engelstrompete** (*Brugmansia*-Hybriden) hieß früher auch Datura. Die giftige, jedoch sehr beeindruckende Pflanze braucht ein schattiges Plätzchen.
Für Furore sorgen alle Arten von **Pelargonien** oder **Geranien** (*Pelargonium*-Hybriden), hängend oder stehend, mit oder ohne Duft. In Tontöpfen schmücken sie Hauswände und Balkone.
Weitere empfehlenswerte Vertreter, die für Urlaubsstimmung sorgen: Schmucklilie (*Agapanthus praecox*), Passionsblume (*Passiflora caerulea*), Eisenholzbaum (*Metrosideros excelsa*), der neuseeländische Weihnachtsbaum mit seinen roten Quasten-Blüten, und die unterschiedlichen Myrten (*Myrtus communis* und *Lagerstroemia indica*).
Bevor die mediterranen Pflanzen Einzug halten, sollte mit Steinfiguren aus Gips und Ton, Terrakotta-Gefäßen und Belägen aus Natursteinen im mediterranen Stil der passende Rahmen geschaffen werden. Auch schmiede- und gusseiserne Möbel in filigranem Design und gerne schon etwas rostig werden liebevoll ausgesucht und wenn möglich, Mauern im Terrassenbereich rau verputzt und weiß getüncht.

Früchte des Südens

Der Genuss exotischer Früchte ist ein Höhepunkt auf der mediterranen Terrasse. Wie für fast alle Kübelpflanzen gilt auch für fruchttragende, dass sie im Haus überwintert werden, die meisten von ihnen hell und kühl.
Einige von ihnen wie **Zitronen**, **Erdbeerbaum** (*Arbutus unedo*) und **Granatapfel** (*Punica granatum*) schicken attraktive Blüten voraus. Der Ruf, dass sie bei uns keine Früchte tragen und kompliziert wären, ist meist nicht gerechtfertigt. Eine Riesenernte darf man sich zwar nicht erwarten, doch die eine oder andere Zitrone, fruchtige Wollmispel, eine Handvoll Oliven oder ein Körbchen voller Feigen wird es schon werden.
Zitruspflanzen gehören zu den Fixstartern, um mediterranes Ambiente zu schaffen. Neben **Orangen**, **Pomeranzen** und **Mandarinen** sind **Kumquats**, die samt Schale gegessen werden, und saure **Limetten** eine interessante Alternative. Wärme und Licht sind für Zitruspflanzen wesentliche Faktoren. Zugluft mögen sie gar nicht, ein windiger Standort ist zu vermeiden. Je wärmer es ist, desto sonniger muss es auch sein.

Zitruspflanzen sind weniger heikel als angenommen.

Licht und Wärme stehen proportional zueinander. Wird bei hohen Temperaturen und wenig Licht gleichzeitig stark gegossen, dann vergeilen die Pflanzen; das heißt, sie bilden unschöne lange, weiche Triebe, und die Blätter neigen zu Monsterwuchs. Bei der Pflege gilt daher im Zweifelsfall: Weniger ist mehr.

Feigen zeigen sich besonders robust, was die Winterhärte anbelangt. Sie können bei uns gut geschützt sogar draußen stehen bleiben. Auch bei **Kakipflaumen** gibt es mittlerweile sehr kälteunempfindliche Sorten. Das Besondere: Beide können auch in dunklen Räumen überwintert werden. Während der Überwinterung gießt man sie nur sehr wenig, der Wurzelballen sollte aber nie ganz austrocknen. Ab Mitte März, wenn es keine extremen Fröste mehr gibt, noch ehe die Pflanze austreibt, stellt man sie wieder ins Freie.

Kübelpflanzen gut versorgt!

Am passenden Standort und mit der richtigen Pflege kommen Kübelpflanzen jedes Jahr zu neuer Blütenpracht. Im Frühjahr, nach dem Ausräumen aus dem Winterquartier, ist der günstigste Zeitpunkt für Rückschnitt und Umtopfen. Dabei werden zu üppige Pflanzen ausgelichtet, in Form gebracht, kranke und abgestorbene Äste und lange, schwache Austriebe entfernt. Läuse, die gerne weiche Triebe besiedeln, kann man dabei ebenfalls gleich beseitigen. Wie bei Düngern gibt es auch bei den Erden viele Spezialprodukte, etwa für Kübelpflanzen, Rhododendren (Moorbeeterde), Zitruspflanzen, Palmen etc.

Kräuter für heiße Tage

In der Hitze des Sommers steigen die ätherischen Öle auf. Mediterrane Kräuter verströmen einen besonders intensiven Duft. Sie sind sonnenhungrig, lieben trockene, karge Böden, benötigen wenig Wasser und wachsen nur in voller Sonne gut. Würzkräuter müssen aber nicht unbedingt in Einzeltöpfe gepflanzt werden. Sie eignen sich auch für eine Pflanzung zwischen Gemüse und Blumen und fördern dort das gesunde Wachstum. Thymian, Bohnenkraut und Lavendel etwa halten Blattläuse fern.

Duft liegt in der Luft

Das kleine, bei uns durchaus winterharte **Lavendel**-Gehölz eignet sich für Einfassungen, Gedanken an duftende, violette Felder in Frankreich kommen vor allem an heißen Sommertagen auf. Arten wie Schopf-, Zahn- oder Oregano-Lavendel trumpfen mit besonderen Blättern und speziellen Düften auf.

Griechischer Oregano ist aromatischer als Wilder Oregano (*O. vulgare*), das getrocknete Kraut gehaltvoller als frisches. Eine enge Verwandtschaft besteht auch mit **Majoran** (*Origanum majorana*).

Als besonders attraktiver Thymian sei der **Zitronen-Sand-Thymian** (*Thymus serpyllum* 'Lemon Curd') genannt, diese Sorte ist robuster und winterhärter als Zitronenthymian (*Thymus x citriodorus*).

Kriechender Rosmarin oder **Hängerosmarin** (*Rosmarinus officinalis* 'Prostratus') eignet sich gut für Ampeln und Kästen. Er sollte frostfrei und hell überwintert werden, während die andern Kräuter draußen bleiben dürfen. Rosmarin ist empfindlich gegen Staunässe. Mischen Sie Quarzsand in die Erde, das sorgt für einen verbesserten Wasserabzug.

Zu den mediterranen Kräutern zählt auch **Salbei**, ein wunderbares Würz- und Heilkraut. Die Vielfalt ist groß, neben winterharten, sehr aromatischen Sorten stehen fruchtigfrische wie Ananas- oder Honigmelonensalbei (*Salvia elegans*) zur Verfügung.